RECUEIL

DE

MÉMOIRES ET DE NOTES

Sur les Mollusques et les Vers.

RECUEIL

DE

MÉMOIRES ET DE NOTES

Sur des espèces inédites ou peu connues de Mollusques, de Vers et de Zoophytes,

ORNÉ DE GRAVURES.

PAR F. M. DAUDIN,

Membre des Sociétés d'Histoire Naturelle et Philomathique de Paris.

A PARIS,

CHEZ {
Fuchs, Libraire, rue des Mathurins.
Treuttel et Wurtz, quai Voltaire.

1800.

INTRODUCTION.

Lorsqu'on examine cette suite innombrable d'êtres dont est composée la Nature, on est d'abord surpris de la régularité et des formes variées de chacun d'eux. L'art merveilleux qui regne dans leur ensemble, produit en nous une impression agréable; bientôt on se sent porté par une noble curiosité à examiner ces objets de plus près; et ce qui d'abord avait séduit nos sens, finit par nous intéresser à proportion de son utilité plus ou moins directe.

Si l'on jette les yeux sur la surface de la terre, si l'on ose pénétrer dans son intérieur, on y découvre les minéraux, ces êtres bruts et inorganiques, dont les uns ont des formes régulières et toujours soumises à certaines lois que les observations approfondies d'un seul homme ont adroitement découvertes, et la grande utilité des autres supplée à la beauté qui leur manque. Si l'on considère ensuite les végétaux, on reconnaît distinctement la perfection de ces ouvrages organisés de la Nature; les tiges, les feuilles et les fleurs nous montrent des organes distincts; peu-à-peu on reconnaît leur mécanisme et la manière dont ces corps se nourrissent et se réproduisent; mais c'est sur-tout lorsque l'observateur porte ses regards sur les animaux, qu'il éprouve des impressions plus vives, et qu'il fait plus de réflexions. Il compare entr'elles leurs nombreuses espèces, il étudie ou découvre leur analogie et leurs différences dans les changemens qu'ils éprouvent, et aussi dans leurs formes, leur accroissement, leur reproduction et leurs habitudes. A mesure qu'il distingue les merveilles de l'organisation intérieure, une nouvelle carrière s'ouvre devant lui ; c'est alors que le plus petit animal devient à ses yeux une machine admirable, composée d'une grande quantité d'organes.

Il reconnaît ensuite que la sensibilité et l'instinct des animaux dépendent d'un principe actif qui leur est particulier. Il n'est plus question alors d'étudier, de comparer seulement des formes, il tache aussi de connaître les mœurs des animaux, il les suit de près, il leur découvre des rapports avec nous-mêmes, et il reconnaît que leurs actions ne proviennent pas uniquement de leur organisation, mais d'un principe particulier dont nous connaissons en partie les effets, mais dont la cause est au-dessus de notre intelligence.

Nous-mêmes, placés parmi tous les autres êtres, contentons-nous de les approfondir suivant l'étendue de nos facultés ; et tant que nous aurons de nouveaux faits à observer, abstenons-nous de forger ces systêmes trompeurs qui ne sont propres qu'à retarder notre marche, et à nuire aux progrès des connaissances utiles. Après les objets que nos yeux ou le microscope nous découvrent, et au-delà des conséquences qui dérivent comme d'elles-mêmes de l'exposé des faits et des divers phénomènes de la Nature, on ne rencontre sur l'Histoire Naturelle que des suppositions gratuites, que des paradoxes erronés qui périssent dès qu'ils ont été publiés, ou que la postérité conserve seulement à cause de leur bisarrerie. On ne doit juger qu'avec une grande circonspection des règles que l'on observe dans l'organisation des êtres, et qu'on nomme *Lois de la Nature*; pour pouvoir les expliquer, il faudrait connaître à fond tous les faits qui en dépendent; mais nous sommes encore trop éloignés de ce dégré de perfection, puisque nous connaissons à peine la majeure partie des animaux qui peuplent notre globe. Les naturalistes cependant ne doivent pas se rebuter; et quelques faibles que soient leurs observations, elles contribuent néanmoins au perfectionnement de la science.

L'Histoire Naturelle des mollusques, des vers et des zoophytes
exige de nouveaux efforts et de
nombreuses observations pour
faire des progrès rapides. O. F.
Müller a examiné avec une sa-
gacité surprenante les animaux
infusoirs et les testacés qui sont
dispersés dans l'intérieur des
eaux douces et de la mer du
Dannemarck ; Tremblay et
d'autres naturalistes étrangers
ont jeté un grand jour sur les
polypes, et il serait important
de reprendre leurs travaux dans
d'autres contrées. Les zoolo-
gistes devraient s'attacher sur-
tout à examiner l'organisation
intérieure des animaux inver-

tébrés qu'ils peuvent rencontrer : nos eaux douces contiennent presque tous les vers décrits et observés par Müller en Dannemarck, et il ne faut qu'une grande attention pour les y découvrir.

J'ai trouvé aux environs de Bray-sur-Seine et de Beauvais, la vorticelle poire (*vorticella pyraria*) décrite par Pallas sous le nom de *brachionus pyriformis*, la vorticelle en trompette (*vorticella stentorea*), le paramèce aurelie (*paramecium aurelia*) et trente-sept autres espèces de vers infusoirs figurés par Müller. Le C^en. Girod-Chantran s'occupe avec zèle depuis quelques années de décrire et de figurer tous les byssus et les conferves des environs de Besançon, et dans une collection de mémoires qu'il a adressé à la société philomathique, il s'est attaché à prouver que ces prétendues plantes cryptogames sont de vrais animalcules : cet infatigable et scrupuleux observateur a fait une foule de remarques très-précieuses et de découvertes utiles, dont les naturalistes attendent et desirent la publication. On connaît maintenant, il est vrai, une grande multitude de coquilles ; mais presque tous les conchyliologistes s'abstiennent de décrire les animaux qu'elles renferment, et ne s'attachent, pour ainsi dire, qu'à l'écorce. Tant qu'on fera sur les testacés des méthodes de nomenclature, fondées uniquement sur leur coquille, cette partie de la zoologie restera imparfaite. Linné et Gmélin avaient eu soin de joindre dans leur *Sytema Naturæ*, à la description de chaque genre, le nom du mollusque nu qui avait le plus de rapports avec celui de la coquille. Scopoli, dans son *Introductio ad Historiam Naturalem*, a plus fait encore; et, outre le caractère essentiel de la coquille, il a donné celui de l'animal qui l'habite. Adanson a donné eu-

suite des observations anato-
miques très-intéressantes sur les
testacés du Sénégal ; et, par ses
travaux importans , il a montré
la véritable route à suivre pour
perfectionner la science. Depuis
lui, Bruguière nous a laissé des
mémoires instructifs et un premier volume sur l'Histoire Naturelle des Vers ; et le Cn. Cuvier
vient de publier une foule d'observations et de détails anato-
miques sur les animaux inver-
tébrés , dans les deux premiers
volumes de son Anatomie com-
parée. Il y a donné , ainsi que
dans son Tableau élémentaire
de Zoologie, une division très-
naturelle des mollusques nus

et testacés , qui est principalement fondée sur certains organes
extérieurs ; et l'absence ou la
présence du test ne lui ont servi
avec raison que comme un caractère secondaire. Mais , malgré les efforts réunis des naturalistes , on ne peut espérer de
grands résultats , tant que les
voyageurs continueront de re-
cueillir des simples dépouilles
qui éblouissent par leur éclat ,
mais qui ne peuvent satisfaire la
curiosité des observateurs.

O vous, voyageurs intrépides
que le gouvernement français
envoie avec le capitaine Baudin
dans l'Océan Indien et sur le
vaste continent de la Nouvelle

Hollande, marchez avec cou-
rage sur les traces du respectable
Adanson; occupez-vous, à son
exemple, d'observer, de décrire
et de peindre tous les mollusques
et les vers que vous trouverez
sur votre route : dédaignez en
quelque sorte les coquilles, mais
étudiez avec soin les animaux
qui les forment, leurs habitudes
si variées , leur mouvement
progressif, leur développement,
leurs amours , leur génération. Travaillez avec zèle pendant votre absence, afin qu'à
votre retour, le gouvernement
qui vous protège et les naturalistes éclairés qui vous ont choi-
sis , puissent vous adresser un

xviij

juste tribut d'éloges, et reconnaître votre dévouement d'une manière glorieuse et solemnelle.

I. *Description de quatre espèces de vers à corps lisse.*

SANG-SUE PULLIGÈRE.
HIRUDO PULLIGERA.

Fig. 1. Contractée.
Fig. 2. Alongée.
Fig. 3. Grossie, et portant 9 petits.

Hirudo elongata, alba, cylindrica, ore cinereo.

CARACTÈRE PHYSIQUE. Longueur de neuf lignes au plus. Ouverture de la bouche ayant une tache cendrée-brunâtre; avec le reste du corps blanc.

CARACTÈRE HABITUEL. Lorsque j'observai cette Sang-sue dans un étang de Saint-Sauveur, près Bray-sur-Seine, sur des poissons morts, je fus extrêmement étonné de lui voir sous le corps neuf petites pointes mobiles, que je pris d'abord pour des soies; bientôt quelques-unes se détachèrent d'elles-mêmes et tombèrent au fond du vase plein d'eau , où je les examinais. Je reconnus alors ma méprise, car ces fausses soies étaient de jeunes Sang-sues attachées par leur disque postérieur sous le ventre de leur mère. Tant que celle-ci pût conserver ses petits après son corps , elle se tenait presque toujours alongée, ou ne se contractait qu'à demi ; mais lorsqu'elle fut débarrassé de son fardeau, elle se contracta en une boule presque sphérique , et mourut. Quoique j'aye observé très-distinctement ce fait, j'hésitai s'il serait à-propos de le publier ; mais comme on trouve dans l'*Historia Vermium* de Müller l'indication d'une pareille habitude dans la Sang-sue bioculée *H. Bioculata* , j'ai cru convenable d'indiquer aux naturalistes cette particularité relative à l'espèce nouvelle que je viens de décrire , afin de leur faire remarquer qu'il reste encore beaucoup de détails inconnus sur les

habitudes des Sang-sues. D'après l'asser-
tion de divers auteurs, et notamment
suivant le témoignage du C^{en}. Cuvier,
les Sang-sues réunissent les deux sexes,
et ont besoin pour se féconder d'un ac-
couplement réciproque ; ce qui les rapproche des limaces et des gastéropodes.
De plus leurs œufs sont nombreux, et
enveloppés dans l'un des anneaux de
l'abdomen ; ils éclosent ensuite dans
l'ovaire, et les petits s'échappent succes-
sivément au-dehors, au moins dans les
Sang-sues bioculée et pulligère : l'espèce
commune dépose les siens dans une coque
au fond des eaux. Il serait intéressant
d'examiner les grosses Sang-sues à diverses
époques de l'année, pour découvrir si
elles sont vivipares, et si elles portent
sur le corps leurs petits nouveaux-nés.
La fin de l'automne me paraît plus convenable pour faire des observations sur
ces vers, parce que c'est alors que leurs
œufs disparaissent ordinairement. Les

Sang-sues passent tout l'hiver au fond des eaux , réunies en petit nombre dans la bourbe et sous les pierres , ainsi que je l'ai remarqué dans l'hiver de 1798.

SANGSUE BICOLORE.

HIRUDO BICOLOR.

Fig. 4. Alongée.
Fig. 5. Contractée.
Fig. 6. Grossie.

Hirudo fusca , extremitatibus albida.

CARACT. PHYS. Longueur de six lignes au plus. Semblable , lorsqu'elle est contractée , à une petite graine de *Chrysanthemum,* à cause de sa forme oblongue un peu comprimée. Couleur brune , avec les deux bouts blancs.

CARACT. HAB. Cette espèce a dans l'eau des mouvemens très-prompts , et elle s'avance en ligne droite quelquefois sans se contracter , à la manière des chenilles arpenteuses , ou bien elle reste fixée et pendante sous les feuilles des

plantes aquatiques et sur-tout du *Nym-*
phœa, où je l'ai observée quelques fois ;
elle s'y tient attachée par l'un ou l'autre
de ses disques. Malgré tous mes soins
je n'ai pu reconnaître les yeux de cette
Sang-sue ni ceux de la précédente, à
cause de leur petitesse. La Sang-sue bico-
lore est plus commune que l'autre, puisque je l'ai aussi observée à Beauvais dans
la rivière du Thérain. Si l'on examine
soigneusement l'ouverture de sa bouche
à la loupe, lorsqu'on la recueille sur des
feuilles de *Nymphœa*, on lui voit rejetter
assez souvent une liqueur rousse qui se
mêle difficilement avec l'eau, et qui n'est
que le suc propre de la plante que l'animal avait sucé.

PLANAIRE TRANSPARENT.

PLANARIA PELLUCIDA.

Fig. 7. *De* grandeur naturelle.
Fig. 8. Grossie.

Planaria oblonga , lactea pellucens , interne venulosa , et antice truncata.

Caract. phys. Longueur de six à huit lignes. Corps lisse , oblong , d'un blanc lacté et un peu rétractile. Un petit point cendré semblable à un œil , à chaque angle de la troncature antérieure.

Caract. hab. Ce petit animal laisse appercevoir à travers toute sa longueur un canal alimentaire ramifié et très-mince , qui s'étend depuis la bouche jusqu'à l'extrémité opposée. Ce canal se sépare vers le centre du corps en deux branches , qui se rejoignent brusquement, et se séparent de nouveau jusques vers la petite extrémité où doit être situé l'anus. Dessous l'espace entre les deux

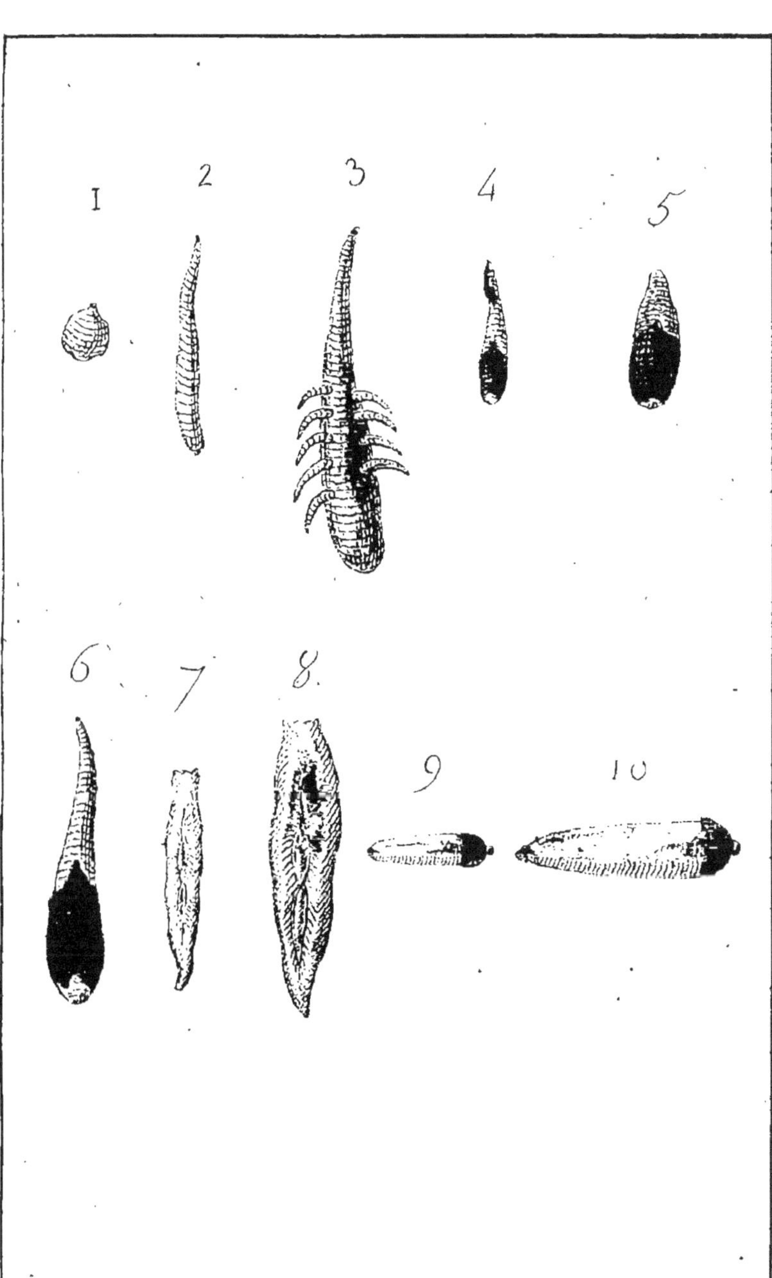

1
2
3
4
5
6
7
8
9
10

premières branches du canal a limen-
taire , on distingue, à l'aide de la loupe,
une petite ouverture qui paraît destinée
à la génération, et dans cette supposition
l'ovaire serait alors situé au milieu du
corps. Ce Planaire jeté dans l'eau , est
long-tems à descendre , à cause de son
extrême légèreté; et si par hasard , en
tombant il se trouve posé sur le dos , il
se tortille comme un ruban, et reprend
sans effort la position qui lui est propre ;
puis il glisse comme la limace sur la surface des corps , sans aucun mouvement
partiel. Si au moment où il se retourne
sur lui-même , on le regarde au soleil ,
sa couleur lactée donne quelques reflets
opalins. Les Planaires vivent dans les
eaux douces et stagnantes sur la bourbe
et parmi les plantes aquatiques, où ils
trouvent des animaux microscopiques
et des poissons morts dont ils font
leur nourriture. L'espèce nouvelle dont
j'offre ici la description , se rapproche

beaucoup du Planaire lacté décrit d'abord par Müller ; mais elle ne peut lui être assimilée , parce qu'elle n'est pas aiguë au bord latéral. J'en ai observé un grand nombre dans un étang de Saint-Sauveur, près Bray-sur-Seine ; quelques-uns se glissaient sur les tiges du *ceratophyllum demersum.*

MAMMAIRE OBLONG.

MAMMARIA OBLONGA.

Fig. 9. Grandeur naturelle.
Fig. 10. Grossi.

Mammaria corpore libero , oblongo , cylindrico , albido ; cum papilla areolaque purpureis in apice majore.

Caract. phys. Longueur de six lignes. Corps libre , oblong , cylindrique , blanchâtre ; avec une papille et une aréole pourpres au gros bout.

Nota. Quoique Müller ait assigné aux Mammaires , pour caractère principal, un corps lisse , nu , et à une seule ouverture , je crois cependant qu'ils ont une ouverture à chaque extrémité de leur corps : j'ai au moins observé dans cette espèce nouvelle , outre l'orifice ordinaire , un petit pore au bout du mammelon. D'ailleurs, en examinant l'intérieur de ce ver nu , on apperçoit dans la partie que Müller a cru imperforée, un petit réservoir renfermant une liqueur brune , et paraissant communiquer au dehors.

CARACT. HAB. J'ai observé plusieurs fois ce ver sur des coquilles d'huître recouvertes de sabelles (*amphitrite sabulosa*) dont il paraît se nourrir. Il a la faculté de se contracter légèrement.

II. *Description d'un ver échinoderme.*

ASTÉRIE SCOLOPENDRIQUE.

ASTERIAS SCOLOPENDRICA.

Fig. 11. Grandeur naturelle.
Fig. 12 et 13. Grossie, vue dessus et dessous.

Asterias rubescens, corpore discoideo, cum radiis quinque ad basim semi-palmatis membranulâ tenui : aculei duo complanati, breves, longitudine inæquales, in utroque latere annulorum dispositi.

CARACT. PHYS Diamètre de dix lignes au plus. Corps discoïde, rougeâtre, ayant cinq rayons demi – palmés à leur base par une membranule mince ; deux pointes aplaties, courtes et d'inégale longueur sur chaque côté des anneaux des rayons, qui imitent des écailles ovales en dessus.

CARACT. HAB. Cette Astérie très-petite s'attache sur les rochers et sur quelques coquillages bivalves de l'Inde. Elle doit

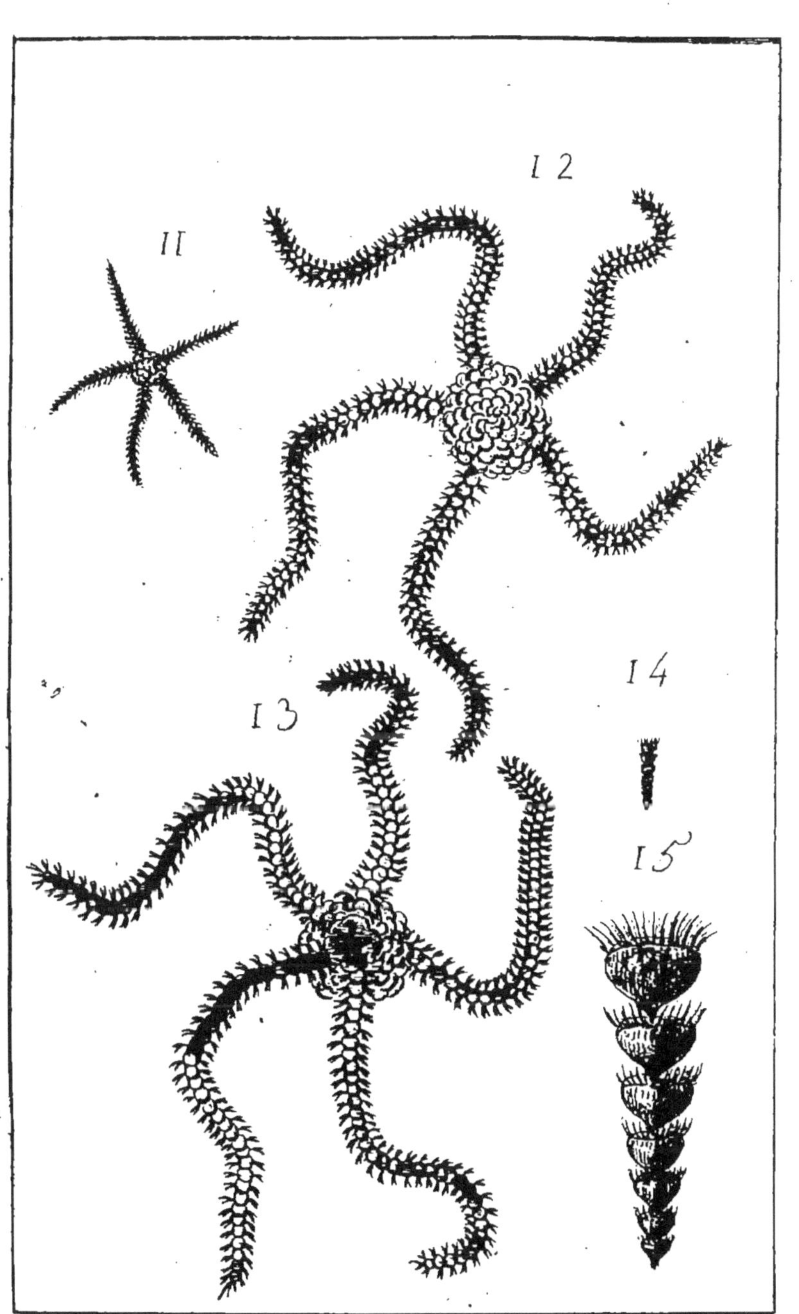

II
12
13
14
15

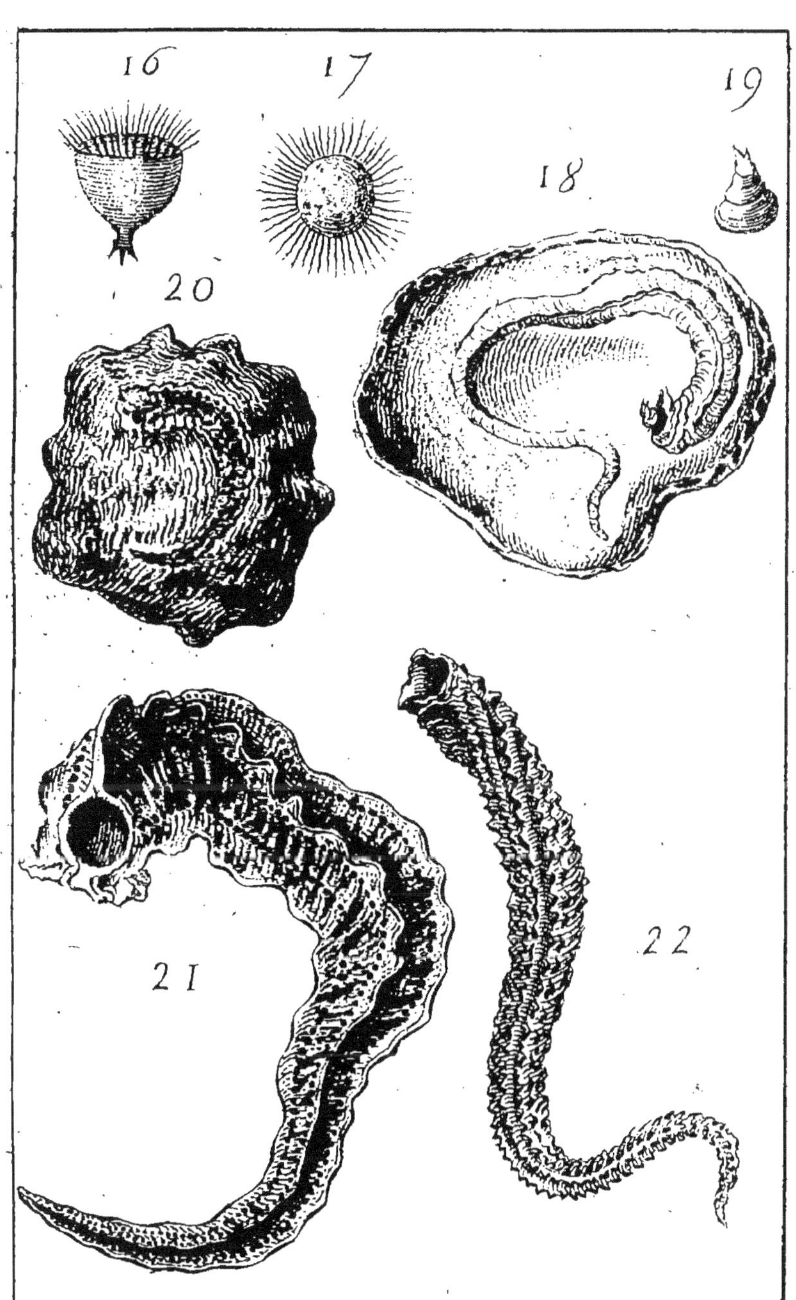

être rangée dans la section des Astéries
à corps discoïde entre les *Astéries fili-
forme et ciliaire.*

III. *Description d'un ver infusoir.*

VORTICELLE RÉUNIE.

VORTICELLA SOCIATA.

Fig. 14. Grandeur naturelle.
Fig. 15. Grossies.
Fig. 16. Une détachée , et grossie.
Fig. 17. Une vue en dessus , et grossie.

*Vorticella semi-orbicularis , subtus mamil-
lata , ore papilloso , in latere superiore
ciliata.*

CARACT. PHYS. Animal microscopique ,
demi-orbiculaire , mammeloné en
dessous, ayant la forme d'une demi-
sphère renversée , garnie de longs
cils sur son bord supérieur qui est
muni sur un côté d'une très-petite
ouverture papilleuse ou *bouche.*

CARACT. HAB. Ce singulier animalcule

B 3

est voisin par sa forme de la Vorticelle
en bourse *V. Bursata* de Müller. Ren-
versé en sens contraire, il ressemble à
un mammelon, sous la lentille du microscope ; et sa substance est gélatineuse, à-
demi-transparente, verdâtre en dehors
et d'un bleu très faible en dessus. Il
habite dans les eaux dormantes aux environs de Bray-sur-Seine sur les tiges
des plantes aquatiques. J'ai toujours ob-
sesvé ces petits vers infusoirs réunis l'un
sur l'autre, ordinairement au nombre
de cinq à sept, et rangés par ordre de
grosseur, de façon que le plus petit est
dessous les autres. Ils se cramponent sur
les corps, à l'aide de trois petits filets,
qui partent de la papille du mammelon.
D'après cette singulière habitude qu'ils
ont de se réunir en société, j'ai cru de-
voir les désigner sous le nom de Vorticelle réunie. Ils sont sans cesse agités
suivant la direction des eaux, et ils paraissent quelquefois décrire un demi-

cercle sur eux - mêmes ; leurs cils sont aussi mus continuellement dans une direction régulière. Toutes les fois que j'ai essayé de détacher le grouppe en entier, les Vorticelles se séparaient aussitôt et se laissaient aller de divers côtés au fond de l'eau, en tournant horizontalement et avec un mouvement accéléré. Les grosses Vorticelles ont au plus une demie ligne. J'ai tâché de découvrir, à l'aide de la loupe , si les trois filets de la papille du mammelon n'étaient pas plutôt des tentacules ou des suçoirs , mais il m'a été impossible de rien découvrir d'assez particulier sur l'usage de ces filets , sinon qu'ils sont très-flexibles , et que l'animal s'en sert pour se fixer après les corps plongés dans l'eau.

IV. *Mémoire sur le genre* Serpula *de* Linné.

Le genre Serpule, tel qui fût établi par Linné, paraît au premier aspect peu susceptible de correction ; mais à mesure qu'on observe chaque espèce, on voit des mollusques et des vers testacés très-différens les uns des autres. Linné, pour éviter la trop grande confusion des genres, avait cru convenable d'en choisir quelques-uns pour y déposer toutes les espèces douteuses, jusqu'à ce qu'elles soient mieux connues ; et par suite de ce plan, il a désigné sous le nom de Serpules tous les tubes calcaires qui n'ont pas de spires entièrement régulières, et qui sont le plus souvent attachés sur des corps solides. L'illustre helmintho-logiste Bruguière, ayant trouvé ce genre renfermé dans de trop vastes limites, fit le genre Silicaire avec la *serpula an-*

guina, et le genre Arrosoir avec la *ser-pula penis*. Il donna alors à chacun de ces trois genres les caractères suivans :

Serpule. *Serpula.*   Coquille tubulée, irré-gulière, terminée à l'ex-trémité supérieure par une ouverture simple.

Silicaire. *Silicaria.*   Coquille tubulée, irré-gulière, divisée d'un seul côté, sur toute sa lon-gueur, par une fente étroite.

Arrosoir, *Penicillus.*   Coquille tubulée, re-dressée, terminée à son extrémité supérieure par un disque convexe garni ds petits tubes perforés.

Ces trois genres ainsi caractérisés doivent rester avec les Sabelles et les Dentales dans la sous-division des vers à tuyaux, qui ont des organes exté-rieurs pour la respiration, et des soies aux côtés du corps. De plus, parmi les espèces de Serpules on en voit encore plusieurs qui doivent former des genres séparés, ou qui appartiennent à d'autres déja faits ; telles sont les *serpula nauti-loides*, *planorbis*, *spirillum*, *spirorbis*, *lombricalis*, *arenaria*, *intestinalis*, etc. Je vais enconséquence exposer ci-après les rectifications que je crois convenable.

GENRE VERMET. *VERMETUS*. ADANSON.

VERMICULARIA. LAMARCK.

CARACTÈRE GÉNÉRIQUE. Coquille tubu-lée, tortillée en spirále irrégulière, ordinairement adhérente, et garnie d'une ouverture orbiculaire et oper-culée.

Ce genre déja formé par Adanson dans son histoire des coquilles du Séné-gal, et confondu par les autres natura-listes et par Bruguière même avec les Serpules, est formé par un gastéropode voisin de celui des planorbes par ses deux tentacules en languette, munis d'un œil à leur base extérieure; mais il en diffère essentiellement par sa bouche prolongée en une trompe cylindrique garnie de plusieurs rangées de dents crochues, et de plus par un opercule rond très-mince qu'il peut retirer avec lui dans l'intérieur de son tube. Il reste toujours dans la même place, parce que le tube qu'il habite est attaché sur les rochers et sur des coquilles.

Adanson a décrit les six espèces suivantes.

1°. Vermet d'Adanson. *Vermetus Adansonii.*
Serpula lumbricalis. LINN.

2°. Vermet musier. *Vermetus arenarius.*
Serpula arenaria. LINN.

3°. Vermet Datin. *Vermetus afer.*
Serpula afra. GM.

4°. Vermet Dofan. *Vermetus Gorcensis.*
Serpula Goreensis. GM.

5°. Vermet Lispe. *Vermetus glomeratus.*
Serpula glomerata. LINN.

6°. Vermet Jélin. *Vermetus intestinalis.*
Serpula intestinalis. GM.

La *serpula nautiloides,* que Schroeter

a trouvée dans la mer de Norwège après le madrépore prolifère, paraît plutôt voisine des Nautilles par ses diverses cloisons parallèles intérieures ; mais, à cause de sa forme en spirale irrégulière, peut-être doit-elle faire partie du genre Orthocère ?

La *serpula polythalamia* doit rester dans ce genre, tant qu'on n'aura pu connaître exactement l'animal qui la forme : je suis porté à croire que les tubes de cette espèce sont tous très-incomplets, et qu'ils doivent contenir un mollusque différent des gastéropodes et des amphytrites. Peut-être est-ce la tige d'un zoophyte très-volumineux, voisin des tubulaires ?

D'après ces diverses observations sur le genre *Serpula*, je crois qu'outre les caractères déjà assignés par Bruguière, il est encore nécessaire d'y joindre la description de l'animal ; et l'on sentira alors la nécessité absolue de séparer les

vraies Serpules d'avec les mollusques testacés, et de les ranger, ainsi que les
Sabelles ou amphytrites et les Dentales,
parmi les vers proprement dits, ainsi
que l'a déjà fait le citoyen Cuvier dans
son tableau de l'Hitoire Naturelle des
Animaux.

De plus, il convient de former un genre
particulier sous le nom de Spirorbe (*Spirorbis*) avec les *serpula planorbis , spirillum* et *spirorbis*, parce que leurs spires sont
régulières, et qu'elles paraissent habitées
par une amphytrite différente de celles
dés Serpules.

GENRE SPIRORBE. *SPIRORBIS.*

Caractère générique. Coquille discoïde , régulière , à ouverture sub-
orbiculaire , et toujours adhérente
aux substances marines.

Ce genre, quoique voisin des Planorbes par la forme de sa coquille plus com--

primée dans le centre, appartient cependant à la sous-division des vers à tuyaux,
au moins l'espèce nommée par Linné
serpula spirorbis, parce qu'elle renferme
une véritable amphytrite à quatre plu-
mules attachées contre la base d'un ten-
tacule bifide, suivant le citoyen Bosc.
Les trois espèces suivantes, déja connues, sont toujours fixées après les
coraux, les coquilles, les fucus, les
algues et autres substances marines.

1°. Spirorbe aplati.   *Spirorbis planorbis.*
                           Serpula planorbis. LINN.

2°. Spirorbe spirille.   *Spirorbis spirillum.*
                           Serpula spirillum. LINN.

3°. Spirorbe septen-
    trional.   *Spirorbis borealis.*
                           Serpula spirorbis. LINN.

Enfin il ne faut pas confondre avec
les vraies Serpules ces tuyaux singuliers
qui rampent sur les coquilles marines,
qui s'y creusent une retraite, et qui ont
échappé jusqu'à ce jour aux yeux des
observateurs.

GENRE SPIROGLYPHE. *SPIROGLYPHUS.*

CARACTÈRE GÉNÉRIQUE. Coquille tubulée, en spirale irrégulière, et se creusant un lit sur la surface des autres coquilles marines.

Quoique l'animal, qui forme cette petite coquille, soit inconnue, il doit se rapprocher de celui des Serpules; et il est à présumer qu'il emploie pour user les coquilles, des espèces de peignes durs et semblables à ceux dont la bouche des amphitrites est munie inférieurement; au reste des recherches ultérieures pourront éclaircir ces doutes.

Les Spiroglyphes rampent dans un sillon qu'ils se creusent peu-à-peu sur la surface des coquilles et sur-tout des patelles; et ils se nourrissent pendant quelque-tems des animalcules dispersés dans les eaux de la mer; mais lorsqu'ils ont atteint une certaine longueur, alors ils perçent la coquille d'outre en outre, soit parce qne celle-ci est trop mince, ou même parce que l'instinct des Spiroglyphes les porte à se nourrir du mollusque qui y est renfermé. Cette dernière opinion me paraît d'autant plus vraisemblable, que le trou pénètre presque toujours directement dans l'intérieur. Si le Spiroglyphe est attaché par hazard sur une pinne, sur une aronde, à mesure qu'il veut percer la coquille, le mollusque acéphale lui oppose de nouveaux enduits superposés de nacre, et il oblige quelquefois son ennemi à discontinuer ses excavations. Dans le cas contraire le mollusque, en augmentant sans cesse l'épaisseur de sa coquille dans l'endroit où il sent les efforts du Spiroglyphe, produit en s'épuisant une concrétion creuse plus ou moins régulière, ou une espèce de perle; et en obstruant ainsi l'intérieur de sa coquille, il s'y met trop à l'étroit et y meurt comme étouffé.

Les Serpules , comme tous les autres animaux , ont plusieurs ennemis à craindre ; tantôt divers zoophytes essayent de les enfermer dans leurs tubes en y déposant leurs cellules calcaires ; d'autres fois certains vers les criblent de trous et les détruisent ; enfin j'ai observé plusieurs fois dans leur intérieur un très-petit crustacé du genre des hermites. Les hermites déjà connus se réfugient dans les buccins , et se promenent au fond de la mer en traînant avec eux la coquille ; ainsi ils ont donc la faculté de changer de place et de chercher leur nourriture , tandis que celui des Serpules reste avec elles fixé aux rochers, ou s'il adhère après quelque coquille ainsi que la Serpule qui le renferme , il est sans cesse le jouet des flots , et dans l'impuissance de se transporter où bon lui semble , à cause du fardeau trop lourd qu'il aurait à mouvoir. Enfin, en examinant l'intérieur de diverses Serpules, j'ai quelquefois observé dans des cavités contiguës une coquille bivalve qui s'y creuse un asyle à l'instar de la moule perce-pierre et des pholades ; et c'est sans doute à cause de cette habitude que Pallas l'a décrite et figurée dans les actes de Pétersbourg sous le nom *pholas teredula*. Elle ressemble beaucoup par les caractères de sa charnière et par sa forme à la *pholas hians* de Chemnitz ; mais comme ces deux espèces de coquilles bivalves sont baillantes alternativement en sens oblique, avec leur charnière simple, et qu'elles ressemblent beaucoup aux deux valves renfermées dans les tubes des Fistulanes, elles doivent être reportées dans ce genre des mollusques acéphales à tuyau.

Quoique les naturalistes n'ayent pas encore décrit des Serpules fossiles, on trouve cependant à Grignon près Versailles, à Bênes près Pont-Chartrain, à Courtagnon près Rheims, dans la montagne d'Etrelles près Coucy-le-Château, les Serpules hérissée, triquêtre, etc., etc.

Le petit coquillage nommé *seminullum*, qu'on trouve vivant dans quelques mers, et fossile dans les sables coquilliers de l'Europe, ne doit pas appartenir aux Serpules; mais son extrême petitesse empêche de lui assigner une place convenable.

La Serpule fossile de Malthe (*S. Melitensis*) paraît aussi s'écarter du genre, parce qu'elle est chambrée en dedans; et il importe de savoir si ses cloisons sont entières comme dans les tubipores, où si elles sont perforées comme dans les orthocères.

Enfin on trouve dans les environs de Beauvais quelques silex criblés de trous en diverses directions, et contenant des tubes silicifiés, quelquefois recouverts d'une croûte calcaire, et plus gros qu'une plume d'oie.

V. *Description de quatre Vermets, et quatre vers à tuyau.*

VERMET INDIEN.

VERMETUS INDICUS.

Fig. 18. Grandeur naturelle, sur une pierre.
Fig. 19. Opercule détaché et grossi.

Vermetus irregulariter contortus , suprà longitudinaliter costatus ; operculo tro-chiformi et adhærente.

CARACT. PHYS. Longueur d'un à deux pouces. Tube rampant, adhérent, irrégulièrement tortillé , garni longitudinalement en dessus d'une petite côte saillante : un petit opercule un peu transparent et conique ou en forme de toupie à pointe quelquefois bifide , et fixé après la mort de l'animal au bas de l'ouverture du tube.

CARACT. HAB. Ce Vermet se trouve sur diverses coquilles de l'océan indien.

Il se rapproche beaucoup de la *serpula triangularis* de Linné par la forme de son tube ; mais il est plus long., et est en outre operculé.

VERMET POREUX.

VERMETUS POROSUS.

Fig. 20. Grandeur naturelle, sur une coquille.
Fig. 21. Grossi et détaché.

Vermetus roseus , irregulariter arcuatus , suprà longitudinaliter costatus , quatuor lineis porosis munitus.

CARACT. PHYS. Longueur de six à huit lignes. Tube rose , un peu aplati , courbé irrégulièrement, à trois côtes, dont une relevée en crête ; avec deux lignes longitudinales formées par des pores sur chacun des côtés : ouverture ronde.

Nota. Les pores ne communiquent pas dans le tube ; mais ils percent d'outre en outre les trois côtés. Observé à la loupe , le tube paraît garni de petits plis transversaux formés par l'animal, à mesure qu'il augmente son tube.

CARACT. HAB. On trouve ce Vermet dans l'océan indien, où il est très-rare. Le C^en. Vata, de Paris, en a un individu dans sa collection sur une valve de rastellum.

VERMET A CINQ CÔTES.

VERMETUS 5-COSTATUS.

Fig. 22. Grandeur naturelle.

Vermetus 5-costatus, costis crenulatis; operculo plano et sœpius adhærente.

CARACT. PHYS. Longueur d'un pouce et demi environ. Tube courbé irrégulièrement, adhérent, à cinq côtes saillantes, longitudinales crénelées; avec une ouverture arondie, et munie quelquefois d'un opercule plat, transparent et attaché à sa base.

Caract. hab. On trouve cette espèce sur les coquilles de la méditerranée, et principalement sur les spondyles.

VERMET TRIDENTÉ.

VERMETUS TRIDENTATUS.

Fig. 23. Grandeur naturelle.
Fig. 24. Grossi, et détaché.

Vermetus hyalino-pellucente albidus ; apertur̂â rotundâ, erectâ et tridentatâ.

Caract. phys. Longueur d'un pouce et demi environ. Tube courbé irrégulièrement, adhérent, d'un blanc vitreux transparent, ayant une petite côte longitudinale légèrement crénelée ; avec l'ouverture ronde, redressée et garnie de trois dents.

Caract. hab. On le trouve sur divers coquillages et sur les térébratules vitrées de la méditerranée.

SPIRORBE CARENÉ.

SPIRORBIS CARINATUS.

***Fig.* 25. Grandeur naturelle.**

Spirorbis crassus , albidus , intus viola-
ceus , suprà carinâ crenulatâ munitus.

CARACT. PHYS. Diamètre de cinq lignes.
Coquille blanchâtre, épaisse, adhérente , garnie en dessus d'une petite côte en carêne crénelée ; avec
l'ouverture arondie , et d'un violet
pourpré en dedans.

CARACT. HAB. La patrie de ce Spirorbe est inconnue ; il appartient au
C^{en}. Favanne.

SPIRORBE TRANSVERSAL.

SPIRORBIS TRANSVERSUS.

***Fig.* 26. Grandeur naturelle.**
***Fig.* 27. Grossi.**

Spirorbis costis plurimis transversis mu-
nitus.

CARACT. PHYS. Diamètre d'une ligne.
Coquille blanchâtre , adhérente ,

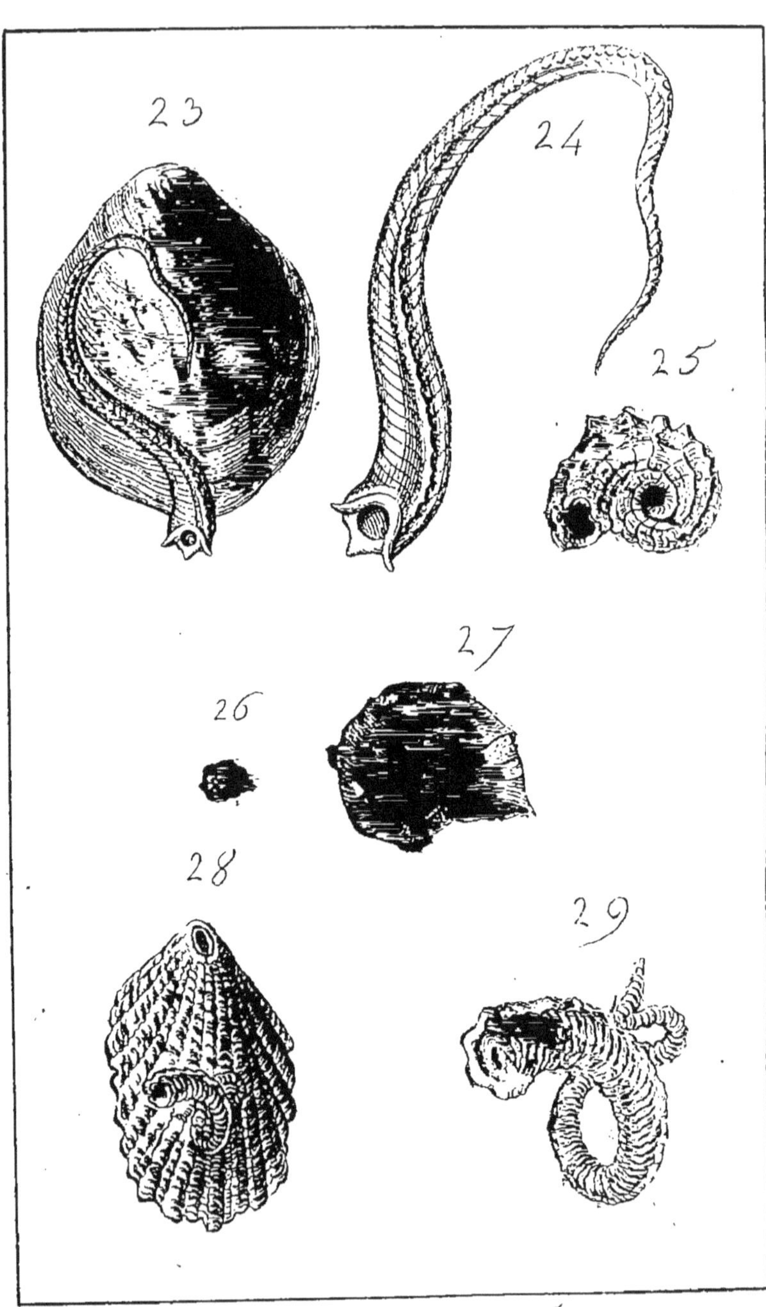
23
24
25
26
27
28
29

garnie de quelques côtes transver-
ses, et comme formée de plusieurs
petits tubes inclus l'un dans l'autre.

CARACT. HAB. On trouve rarement ce
Spirorbe sur des plantes marines et sur
divers coquillages de l'océan indien.

SPIROGLYPHE POLI.

SPIROGLYPHUS POLITUS.

*Spiroglyphus irregulariter spiralis, politus;
aperturâ rotundatâ.*

CARACT. PHYS. Diamètre de trois lignes
au plus. Tube blanc, poli, roulé
en deux tours de spirale irrégulière,
et plus gros à son ouverture qui est
cylindrique.

CARACT. HAB. Il se creuse un lit et
s'attache sur divers coquillages bivalves
de l'inde, du genre des jambonneaux
et des peignes.

C

SPIROGLYPHE CORDELÉ.

SPIROGLYPHUS ANNULATUS.

Fig. 28. Grandeur naturelle, sur une fissurelle.

Fig. 29. Grossi, et détaché.

Spiroglyphus in spirâ irregulariter contortus, annulisque contextus.

CARACT. PHYS. Longueur de six lignes. Tube d'égale grosseur partout, tortillé en un tour de spire irrégulière, et composé d'une multitude de très-petits anneaux couleur de corne, qui ont la forme d'une maille de tricot.

CARACT. HAB. On le trouve sur les patelles et les fissurelles de l'océan indien.